...LICATION DE LA RÉUNION DES OFFICIERS

NOTICE

SUR LES

PRINCIPAUX ANIMAUX DOMESTIQUES

DU LITTORAL

ET DU SUD DE LA TUNISIE

Par M. E. ALIX

Vétérinaire militaire

détaché du 30e rég. d'artillerie pour faire le service de la place de Sfax (Tunisie).

Ouvrage récompensé d'une lettre de félicitation du Ministre de la guerre

PARIS

LIBRAIRIE MILITAIRE L. BAUDOIN ET Ce

LIBRAIRES-ÉDITEURS

SUCCESSEURS DE J. DUMAINE

30, Rue et Passage Dauphine, 30

1883

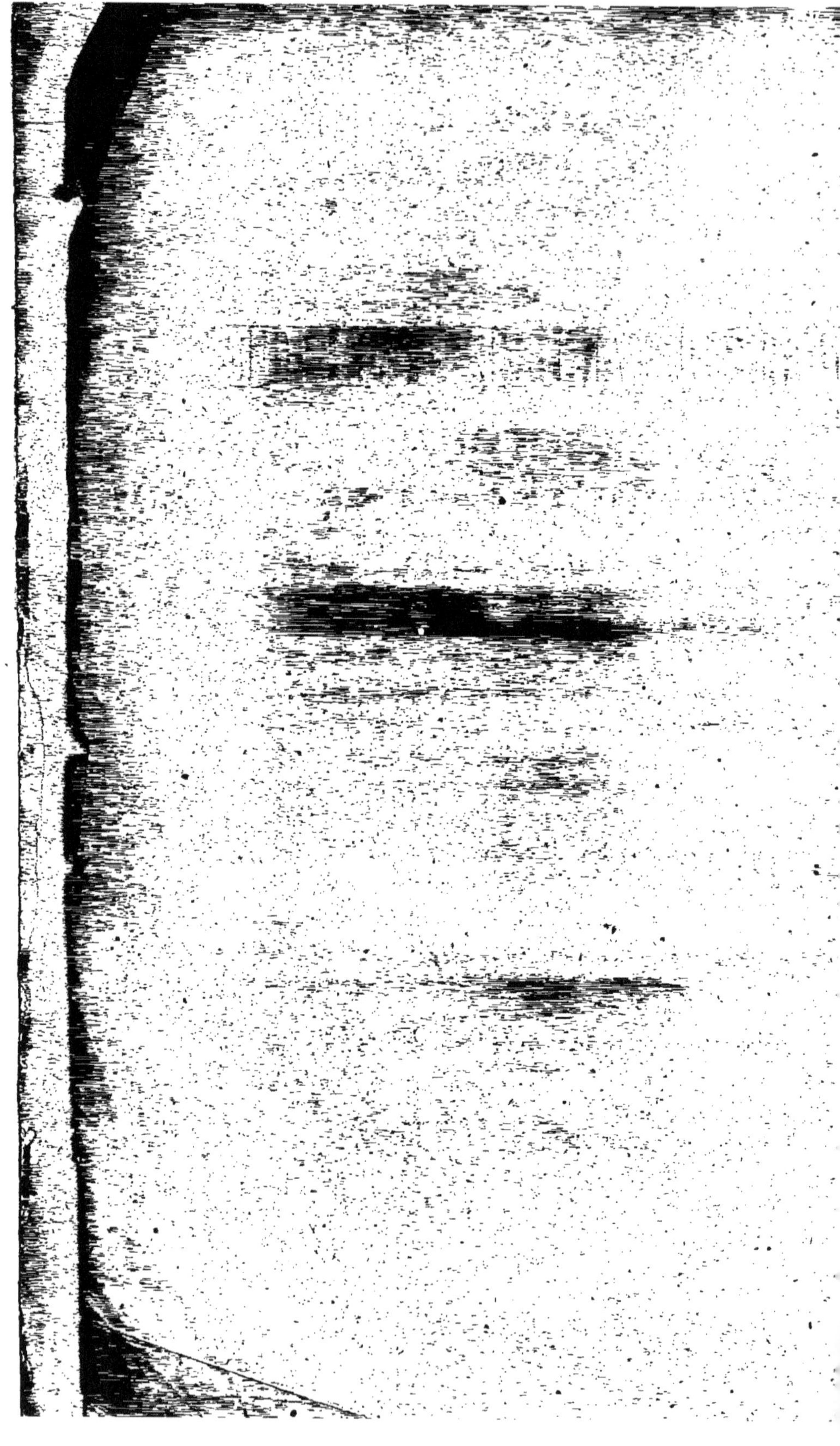

NOTICE

SUR LES

PRINCIPAUX ANIMAUX DOMESTIQUES

DU LITTORAL

ET DU SUD DE LA TUNISIE

PARIS. — IMPRIMERIE L. BAUDOIN ET Cⁱᵉ, RUE CHRISTINE, 2.

PUBLICATION DE LA RÉUNION DES OFFICIERS

NOTICE

SUR LES

PRINCIPAUX ANIMAUX DOMESTIQUES

DU LITTORAL

ET DU SUD DE LA TUNISIE

Par M. E. ALIX

Vétérinaire militaire

détaché du 30° rég. d'artillerie pour faire le service de la place de Sfax (Tunisie).

Ouvrage récompensé d'une *lettre de félicitation du Ministre de la guerre*

PARIS

LIBRAIRIE MILITAIRE L. BAUDOIN ET Cᵉ

LIBRAIRES-ÉDITEURS

Successeurs de J. DUMAINE

30, Rue et Passage Dauphine, 30

1883

PRÉFACE

En écrivant cette notice, j'ai tout simplement
voulu mettre en relief les caractères généraux des
principaux animaux domestiques tunisiens, et non
faire la description à part de chacune des races ou
variétés que mon imagination, plutôt peut-être que
des caractères secondaires vraiment bien tranchés,
aurait pu me faire distinguer dans chaque groupe.

Il m'a paru, d'ailleurs, qu'on se ferait plus facilement ainsi une idée vraie des animaux dont j'entre-
prends la description.

C'est encore dans le but de débarrasser mon travail de tout ce qui pouvait l'obscurcir, que j'ai évité
presque systématiquement de parler, par exemple,
du cheval berbère, du cheval arabe théorique, de
comparer le cheval indigène actuel au cheval numide, etc., etc. Ce sont là, à mon avis, des digressions
souvent fort utiles pour l'auteur qui veut absolument
atténuer l'aridité forcée d'un travail purement des-
criptif en l'émaillant d'intéressantes dissertations
historiques ou scientifiques ; mais ce sont là généra-

lement aussi des digressions qui courent grand risque de surcharger inutilement un travail en le rendant moins clair, moins net.

J'ai cru devoir décrire les animaux domestiques de la Tunisie, tels que je les avais sous les yeux, comme si j'étais sur une terre absolument inconnue, au milieu d'animaux également inconnus.

PRINCIPAUX ANIMAUX DOMESTIQUES

DU LITTORAL ET DU SUD DE LA TUNISIE

LE CHEVAL.

Bien que la Tunisie soit une contrée où l'importation et les communications entre les différentes tribus sont assez restreintes, on trouve parmi sa population chevaline, d'ailleurs assez uniforme au point de vue de la taille et de la conformation générale, de nombreuses variétés quant aux caractères crâniens : certains chevaux ont la tête plus longue que large; les autres, au contraire, ont la tête plus large que longue; mais jamais, ou presque jamais, la dolichocéphalie ou la brachycéphalie n'impliquent une configuration particulière, spéciale de l'animal; qu'il ait la tête longue ou carrée, ses caractères restent très sensiblement les mêmes : encolure courte, généralement forte, droite ou de cerf, plus rarement longue et fine; épaules ordinairement peu musclées, courtes, droites, souvent chevillées; poitrine moyennement profonde, mais toujours ou presque toujours étroite (1), dos

---

(1) Le peu d'ampleur de la poitrine est due à une mauvaise conformation des côtes, lesquelles sont droites, aplaties, moyennement longues.

court, saillant, droit, souvent de mulet; garrot ordinairement élevé, sec, tranchant, quelquefois très reporté en arrière (1); rein assez bien attaché, quoique relativement long, la plupart du temps; croupe modérément oblique, quelquefois horizontale, presque toujours longue; ventre quelque peu levretté; fesse bien descendue, bien musclée; cuisse et jambe longues, obliques, également bien musclées; jarrets assez larges et épais, mais ordinairement beaucoup trop coudés; avant-bras long, bien musclé; canon faible et tendons presque toujours fortement faillis; paturons généralement très longs et très obliques; pieds bons; queue et crinière à crins fins, fournis et très longs.

Quant à la tête, que nous avons dit être longue ou large, elle est généralement expressive, bien portée; les oreilles, quoique un peu longues, sont droites, bien plantées; les yeux sont de grandeur moyenne, noirs, vifs, intelligents; le chanfrein est souvent légèrement busqué, plus rarement droit ou concave; les naseaux sont moyennement ouverts, le plus généralement même étroits (2); les ganaches présentent ordinairement beaucoup de netteté, de légèreté, mais sont très rapprochées l'une de l'autre, et circonscrivent, par cela même, une auge très étroite.

---

(1) Chose digne de remarque, avec un garrot élevé, sec, tranchant, se prolongeant jusque vers le milieu du dos, coexistent souvent des épaules mal conformées.

(2) Les Arabes disent d'un cheval dont les naseaux sont étroits, qu'*il laissera son cavalier dans la peine.*

La *taille* est presque toujours petite ou au-dessous de la moyenne : hauteur au garrot, 1ᵐ,38 à 1ᵐ,48.

Les *aplombs* sont généralement défectueux ; les chevaux tunisiens sont presque toujours sous eux du devant et du derrière ; ils sont, en outre, la plupart du temps, panards des membres antérieurs et clos du derrière.

La *robe* est le plus souvent baie ou alezane ; de teinte généralement uniforme, elle présente rarement ces particularités à la tête ou aux membres qu'on observe si fréquemment chez nos races européennes. Souvent aussi elle est grise.

Les chevaux indigènes sont *mis très jeunes au travail* : j'ai vu souvent des chevaux de chaouchs, de goumiers, etc., faire le difficile service d'éclaireurs à l'âge de 18 mois, un an et même moins. Aussi, beaucoup de ces animaux sont-ils tarés à un âge assez peu avancé.

La *tare* presque unique est l'inflexion en arc des membres antérieurs (1) ; rarement de tares molles ou osseuses.

L'*allure* ordinaire est le pas, le galop, ou l'amble ; rarement le trot. Il faut même toujours un temps très long et une grande patience pour arriver à faire prendre cette dernière allure au cheval indigène, surtout lorsqu'il a dépassé le jeune âge.

Les chevaux tunisiens sont *très résistants*, *très précoces*, et peuvent facilement fournir un travail régulier et suivi dès l'âge de 5 ans ; ce n'est toutefois

---

(1) Les chevaux arqués ou brassicourts sont excessivement nombreux.

pas l'époque à laquelle les bons cavaliers arabes recommandent de s'en servir pour la guerre. « Prends toujours pour la fatigue et les combats un traîneur avec sa queue (1) », disent-ils. « Le jour où les cavaliers seront tellement pressés que les étriers se heurteront, lui seul pourra te sortir de la mêlée et te ramènera dans ta tente, fût-il traversé d'une balle. »

Cette recommandation est sans doute très juste; mais, outre qu'il est bien difficile de la suivre, elle me paraît par trop sévère; car, s'il est évident qu'un cheval indigène de 5 ans ne peut rendre les mêmes services à la guerre qu'un cheval de 7 ans, il n'en est pas moins vrai qu'il résiste très bien aux plus rudes fatigues, si, toutefois, ce qui est malheureusement le cas le plus ordinaire, il ne se trouve déjà, à cet âge, usé par un travail prématuré.

Quoique mal soignés, mal nourris, mal logés, les chevaux indigènes rendent de *bons et longs services*.

Quand on s'est bien rendu compte des conditions d'existence de l'immense majorité de la population chevaline du pays; quand on a pénétré dans une de ces grottes, de ces cavernes étroites, basses, ténébreuses, puantes, qui servent d'écurie dans les villes et les villages de la Régence; quand on a assisté au semblant de repas de l'un de ces malheureux chevaux indigènes, et qu'on le rencontre ensuite, couvert de plaies, portant ou traînant gaiement d'énormes far-

---

(1) Les Arabes ont l'habitude de couper les crins de la queue des jeunes chevaux; c'est vers sept ans qu'ils cessent de le faire.

deaux, sous un soleil de feu, on reste toujours étonné en présence de la vigueur, de l'énergie, qu'il déploie, même à un âge très avancé.

Malgré tout, les chevaux tunisiens ne peuvent faire que de *piètres chevaux de cavalerie :* d'abord à cause de leur petite taille ; grâce ensuite à leur conformation générale, plutôt mauvaise que bonne.

Ils ont surtout deux défauts capitaux et presque constants : les tendons faillis et la poitrine très étroite.

L'inconvénient résultant de la disposition vicieuse des tendons n'a pas besoin d'être mis en évidence ; tout le monde sait qu'un cheval présentant cette défectuosité est sans valeur, quelle que soit, d'ailleurs, la supériorité de ses qualités, de son origine ; quelles que soient sa santé et sa bonne organisation.

Quant à l'étroitesse de la poitrine, il est facile de comprendre que c'est là un défaut que rien ne peut racheter, et qu'un cheval, dans ce cas, ne sera jamais un cheval de fonds, quels que soient son sang et sa conformation ; il manquera par le foyer, par l'organe qui préside à toutes les fonctions de sa vie ; il ne sera, d'un autre côté, qu'un mauvais reproducteur malgré la noblesse de son origine. Ce fait n'a pas échappé à l'esprit d'observation des anciens Arabes, de ceux qui connaissaient si bien le cheval pour l'avoir étudié dans la nature. « Choisis-le large et achète ; l'orge le fera courir », répètent-ils toujours sous forme de conseil. « Le cheval dont le poitrail est enfoncé et les épaules perpendiculaires, fuis-le comme la peste », disent-ils encore.

Toutes ces maximes des Arabes sont frappantes de

vérité, et prouvent combien leur appréciation des qualités du cheval de guerre, a été juste.

Si, aujourd'hui, lesdites maximes paraissent tombées en désuétude parmi beaucoup de tribus du nord de l'Afrique, si la Régence est particulièrement pauvre en bons chevaux, cela tient à ce qu'elle possède relativement peu de bons cavaliers, à ce que les tribus tunisiennes estiment moins le cheval, en général, que jadis.

Les mêmes faits, d'ailleurs, se passent en Algérie ; mais, dans cette partie de l'Afrique, la décadence est beaucoup moins grande.

Les tribus tunisiennes se servent plus volontiers du chameau, de l'âne, et même du mulet.

La jument, toutefois, est bien plus recherchée, bien plus estimée que le cheval : d'abord, parce qu'elle sert à la reproduction, qu'elle est le creuset, le moule d'où sort une des principales richesses du pays ; mais aussi, je crois, parce que les Arabes, habitués de longue date à mieux considérer la jument, lui accordent une importance, des qualités intrinsèques supérieures à celles du cheval, de sorte que beaucoup d'indigènes estiment mieux la jument sans savoir au juste pourquoi, tout simplement par tradition.

Quoi qu'il en soit, les Arabes n'étant plus exclusivement cavaliers, le cheval est devenu plus spécialement *bête de bât*, même de trait, surtout dans les grands centres et leurs environs ; il est, par ce fait même, resté moins noble ; on l'a moins considéré et, comme conséquence, moins soigné ; d'où cette décadence du cheval indigène, décadence qui va et ira nécessairement s'accentuant chaque jour, en supposant, toutefois, que les choses suivent leur cours ordinaire.

Actuellement, les bons chevaux sont tellement rares dans presque toutes les parties de la Tunisie, que les officiers qui veulent se remonter à leurs frais éprouvent une énorme difficulté à rencontrer la monture qui leur convient. Comme vétérinaire de la place de Sfax, j'étais presque toujours consulté quand un officier de ladite place désirait faire l'acquisition d'un cheval indigène. Eh bien, j'affirme qu'il me fallait ordinairement refuser vingt ou trente chevaux, venus de différents points, quelquefois très éloignés, avant d'en rencontrer un dont je pusse conseiller l'achat. Pourtant il est bien certain que je ne cherchais pas la perfection, le bon cheval théorique ; je passais, au contraire, sur bien des petits défauts quand l'ensemble était bon ou même assez bon. Ceux, d'ailleurs, qui n'ont pas eu la patience d'attendre une occasion favorable ont dû s'en repentir tôt ou tard, et beaucoup, malheureusement, ont été impatients ! Il était si difficile aussi, pour quiconque n'avait pas fait du cheval une étude quelque peu sérieuse, de croire à une si profonde décadence du cheval indigène ! Il était si difficile enfin de faire violence aux illusions, je dirai presque au parti pris, qu'on avait, touchant le cheval, en arrivant dans la patrie de cet antique coursier numide, tant admiré dans les livres, qu'il faut forcément admettre que ce qui est arrivé devait fatalement arriver !

Cependant le cheval indigène possède une énergie, une force de résistance étonnantes.

Voici 3 ou 4 exemples de ces qualités, sur lesquelles

on ne saurait trop insister, pris au hasard parmi mille autres qu'il me serait facile de signaler.

Le 3 décembre dernier, dans un engagement des troupes françaises de Sfax contre les Arabes non soumis du dehors, quatre des chaouchs qui éclairaient notre colonne eurent leurs chevaux atteints par des balles ennemies ; deux de ces chevaux étaient blessés mortellement, deux plus ou moins grièvement. Des deux premiers, un avait la poitrine traversée de gauche à droite par une balle et le fémur gauche brisé. Il parvint quand même à faire assez facilement 8 ou 10 kilomètres au pas ; ce n'est que sous les murs de Sfax qu'il succomba, asphyxié par l'hémorragie pulmonaire, suite de la perforation de la poitrine.

Le second, le fémur gauche brisé, a fait environ 1 kilomètre monté, et est enfin tombé sous le poids du cavalier ; ayant reconnu la blessure, je donnai immédiatement l'ordre au chaouch de prendre son cheval par la bride et d'essayer de regagner Sfax, distant de 8 ou 10 kilomètres environ. Les choses allèrent bien jusqu'à 4 kilomètres à peu près de la ville ; mais, arrivé à cette distance, le blessé ayant absolument refusé d'avancer, le conducteur l'abandonna là et vint rejoindre la colonne en me prévenant de ce qui arrivait. Je lui fis comprendre qu'il n'avait plus qu'à abattre son animal et à l'enterrer sur place, les moyens de transport étant assez rares et assez primitifs pour qu'il fût impossible d'essayer de le transporter à Sfax (1). Sur sa promesse que les choses

---

(1) Les chaouchs dont il est question faisaient partie de la

allaient être faites selon mon désir, je revins avec
la colonne sans plus m'occuper de rien. Ceci se passait
le 3 ; le 6, dans l'après-midi, je voulus voir si le
chaouch propriétaire du cheval blessé le 3 avait bien
exécuté mes ordres ; mais, vu la commode habitude
des Arabes de ne pas enterrer leurs animaux morts,
je croyais peu, je l'avoue, à l'enfouissement du sus-
dit animal. Bien me prit d'avoir eu l'idée de me
rendre compte par moi-même de ce qui avait été fait :
non seulement le malheureux animal n'était pas
enterré, mais il n'avait pas été abattu !

Je le trouvai debout, la tête haute, l'œil presque
gai, hennissant à mon approche et cherchant à brou-
ter quelques rares brins d'herbes desséchées, dissé-
minés ça et là au milieu de la plaine de sable et de
feu où il se trouvait. La pauvre bête n'avait ni bu
ni mangé depuis trois jours ; et pourtant, non seulement rien à l'extérieur n'indiquait la souffrance ;
mais encore la respiration, les pulsations, étaient
presque normales. Le membre blessé, fortement
engorgé à l'endroit où la balle avait pénétré et dans
les parties déclives, traînait inerte sur le sol, dégoû-
tant de sérosité, de pus, où les mouches, en nombre
considérable, venaient déposer leurs œufs. En présence d'un tel spectacle, je logeai immédiatement
une balle dans la tête du patient et en fis l'autopsie,

---

police du gouverneur de Sfax ; ils avaient leurs chévaux à eux
et ne relevaient aucunement de l'autorité militaire. Je n'avais
donc pas, réglementairement, à m'occuper de leurs animaux.

quoique l'endroit fût médiocrement sûr. La balle
arabe, qui avait pénétré par la face interne de la
cuisse, un peu en arrière, était sortie à la face
externe et en avant de cette région, après avoir traversé la masse musculaire qui entre dans sa compo-
sition, le fémur, et creusé un sillon dans la rotule.
On pouvait parfaitement suivre le trajet de la balle
dans l'intérieur des masses musculaires ; c'était un
petit sillon quelque peu sinueux entouré d'un manchon de muscles froissés, légèrement calcinés,
manchon dans l'intérieur et sur le trajet duquel
s'étaient déjà formés de nombreux foyers purulents
et même gangréneux. Le fémur, touché vers le milieu
de sa face postérieure, un peu en dedans, était assez
nettement brisé en deux endroits : au point d'abord
où la balle avait frappé l'os, et 0^m,05 environ plus bas
ensuite ; entre les deux fractures se détachait une
grosse esquille quelque peu en bec de flûte inférieu-
rement, et mesurant en longueur la distance existant
entre les deux abouts osseux.

Malgré des lésions si considérables, malgré un
jeûne de trois jours sous un soleil de feu, presque
pas de fièvre de réaction ! Il faut avouer qu'il y a là
un exemple de force de résistance vraiment remarquable, comparable seulement à celui même que nous
offre un Arabe grièvement blessé !

Des deux autres chevaux atteints, un l'était légèrement ; l'autre avait reçu une balle qui, après avoir
pénétré par les muscles fessiers postérieurs, et traversé toute la masse musculaire de la face externe
de la cuisse, creusé un sillon dans la rotule, et détaché quelques petites esquilles de cet os, était venue

sortir en dehors et un peu en avant de l'articulation
fémoro-rotulienne. Par les grandes chaleurs du pays
et vu les difficultés que j'avais à faire exécuter mes
prescriptions, je craignais une foule de complications :
l'arthrite de l'articulation fémoro-rotulienne, l'infec-
tion putride ou purulente. Non seulement aucune de
ces complications n'est survenue ; mais l'animal n'a
jamais accusé la moindre fièvre de réaction, n'a cessé
un seul instant de manger sa maigre pitance, et
au bout de huit jours il était complètement hors de
danger ! Ce sont là des faits peut-être un peu longs à
rapporter dans des notes relativement courtes ; mais
ils sont tellement remarquables, ils démontrent
d'une façon si éloquente la force de résistance du
cheval indigène, ils nous dévoilent enfin là des
qualités telles, qu'on ne peut vraiment pas considérer
ces faits comme des longueurs !

Leur seule constatation, d'ailleurs, permet d'affirmer, sans crainte aucune d'être démenti par les événe-
ments à venir, qu'il y a dans le cheval tunisien, en définitive assez médiocre tel que l'ont fait les mauvais soins,
la mauvaise nourriture, la mauvaise hygiène, etc.,
tous les *éléments premiers d'un cheval excellent*.
J'en suis d'autant plus persuadé que j'ai vu souvent
de jeunes chevaux achetés à l'âge de dix-huit mois,
deux ans, trois ans, complètement transformés par les
bons soins au bout de quelques mois ! Il y a bien la petite
taille qui pourrait inquiéter l'améliorateur ; mais,
sur ce point encore, je reste persuadé qu'il serait
assez facile de la grandir, non pas jusqu'à faire du
cheval indigène un cheval de cuirassiers ou d'omni-
bus, le climat paraissant devoir s'y opposer absolu-

ment (1); mais, au moins, jusqu'à en faire un bon cheval de cavalerie légère et même quelquefois de ligne. Le choix judicieux des reproducteurs, les bons soins, la bonne nourriture, un entraînement intelligent, donneraient facilement, je le répète, cet excellent résultat. Il fut un temps, d'ailleurs, où le cheval indigène était plus grand, plus élancé, plus harmonique, qu'il ne l'est actuellement, si l'on s'en rapporte aux bas-reliefs, aux gravures sur pierres, sur

---

(1) Dans quelques parties de la Tunisie, on rencontre pourtant des chevaux se rapprochant beaucoup de nos races françaises de trait, du cheval boulonnais, par exemple. La tribu des Zlass est particulièrement riche en animaux de cette race ou variété. Ainsi que je l'ai annoncé au commencement de cette notice, je ne veux pas faire une description à part de chaque variété ; cependant, comme celle-ci me paraît pouvoir donner quelques indications précieuses à l'éleveur hardi et éclairé qui, par exception, voudrait tenter, sur un point choisi de la Tunisie, la production de chevaux plus étoffés que ceux qui constituent l'immense majorité de la population chevaline du pays, il me paraît bon de dire quelques mots en passant des sujets qui composent ladite race ou variété. Ce sont des chevaux étoffés, de taille moyenne, présentant généralement un dessus bien charpenté, mais possédant, par contre, un dessous relativement faible; ils manquent donc souvent de cet ensemble harmonique sans lequel il n'y a pas de bon cheval. Ce sont enfin des animaux robustes, forts, énergiques, mais chez qui le poids du corps fatigue rapidement les membres. Ils sont, d'un autre côté, trop lourds pour faire de bons chevaux de selle, surtout en Afrique, et ont les membres généralement trop faibles pour faire de vrais chevaux de trait. Un aperçu général de leurs principaux caractères

médailles trouvées parmi les ruines romaines et carthaginoises des côtes tunisiennes (1).

J'ai pris plusieurs empreintes de gravures anciennes sur pierres fines, trouvées dans des fouilles sur l'emplacement de l'ancienne Carthage, aux environs de Sfax, de Sousse, etc.; sur toutes ces gravures, d'un fini extraordinaire, le cheval est représenté comme tenant le milieu entre le petit cheval autochtone actuel et notre cheval anglo-normand; il a la tête un peu longue, le chanfrein busqué, les oreilles courtes, droites, l'encolure fine, longue, l'épaule bien musclée, oblique, le garrot élevé, les côtes arrondies, le corps un peu long, la croupe légèrement inclinée,

---

permettra, d'ailleurs, de les mieux juger. Ils ont la tête moyenne, souvent même petite, expressive, bien attachée; l'encolure courte, fortement musclée, ordinairement rouée; le poitrail large; les côtes arrondies et assez descendues; le garrot peu élevé et manquant de netteté; le dos large, généralement un peu cusellé; la croupe double, moyennement longue, horizontale ou peu oblique; les épaules assez bien musclées, mais un peu droites et courtes; l'avant-bras modérément long et musclé; la cuisse et la jambe également assez peu développées; les canons faibles; les tendons faillis; les jarrets trop coudés et peu volumineux; les paturons longs; les pieds bons; les crins longs et fournis. Je ne veux pas, pour le moment, entrer dans de plus longs détails sur cette variété assez rare du cheval tunisien; ceux-là suffisent pour le but que je poursuis.

(1) Tout le monde sait, d'ailleurs, qu'il fut autrefois ce coursier numide qui jouissait d'une si grande réputation, et dont presque tous les auteurs de l'époque romaine ont parlé. — Il est même probable que c'est le cheval numide qu'on a représenté sur les bas-reliefs, les gravures, dont il est question.

le flanc étroit, la fesse bien descendue, la cuisse et la jambe garnies de muscles puissants, les membres longs, également bien musclés, les aplombs assez bons, quoique les jarrets paraissent généralement trop coudés. On voit parfaitement, enfin, si ces gravures représentent bien le cheval indigène de leur époque, que celui-ci était plus grand que le cheval actuel, qu'il est devenu rabougri de nos jours, par suite, probablement, des mauvais soins de toute sorte dont il a été l'objet.

En arrivant en Tunisie, j'avoue que j'espérais trouver dans l'élevage du cheval quelques vestiges des soins, du respect même dont on entourait jadis les chevaux arabes. Déception complète ; le cheval n'est plus l'ami du maître, l'enfant de la maison ; il ne vit plus avec la famille, ou, s'il y vit, c'est à la mode dont vivent les porcs parmi les gens de certains pays de France, l'engraissement en moins ! Et cela, chez les Arabes de la ville comme chez les Arabes nomades. Le changement, l'amollissement des mœurs ; l'affaiblissement de cet instinct guerrier qui faisait de chaque homme un cavalier ; le développement relatif des transactions ; la soif de l'argent, très marquée chez la plupart des Arabes : toutes ces causes réunies ont produit cette transformation des indigènes actuels et préparé la décadence du cheval tunisien, d'ailleurs insuffisant à donner le cheval propre aux divers services d'une civilisation sortant un peu de l'état stationnaire.

Quand un Arabe vend un cheval, il ne le regarde plus partir en pleurant, il ne l'accompagne plus jusqu'à la demeure de son nouveau maître, il ne l'em-

brasse plus en le quittant ; il contemple l'argent que
lui a produit sa vente, il le compte, le recompte, et,
quand la somme est quelque peu rondelette, on voit
sa figure s'épanouir et des larmes de joie obscurcir
ses yeux. Dans la même circonstance, ses ancêtres
eussent versé des larmes amères, et toute la famille
eût porté longtemps le deuil d'un de ses membres à jamais absent !

Aujourd'hui on ne rencontre guère d'Arabes où
l'argent ne passe pas avant tout ; si même les choses
continuent ainsi, et c'est probable, d'ici peu, moyen-
nant une faible somme, on fera dire au premier
Arabe venu que Mahomet est un chien, que tous les
Arabes sont des fils de chiens !

Quoi qu'il en soit, quelque médiocre que se présente
la population chevaline indigène, on pourrait, j'en
suis absolument persuadé, et je ne saurais trop le
répéter, en opérant intelligemment, prudemment
surtout, obtenir une excellente colonie chevaline.

On a en mains tous les éléments nécessaires pour
arriver à ce résultat ; car si le cheval autochtone
a de nombreux défauts, il est bien certain, qu'ils
sont dus, au manque absolu de soins, de nourriture, etc. Sa petite taille même, si elle est en partie
inhérente au pays, est aussi, bien certainement, le
résultat de la façon particulièrement défectueuse
dont il est élevé. La preuve, une fois encore, en est,
au moins partiellement, dans l'aspect tout particulier, dans le brillant, le vernis, l'élégance relative
même qu'acquièrent au bout de quelques mois les
chevaux indigènes achetés par les officiers français,
et conséquemment mieux nourris, mieux soignés que

chez leurs premiers maîtres. La preuve en est aussi dans les beaux produits qu'ont pu obtenir avec les chevaux du pays Mustapha-ben-Ismaïl, l'ancien premier ministre du bey, et Ali-ben-Khalifa, le chef des révoltés du Sud. J'ai vu, à la Goulette et à Tunis, quelques-uns des chevaux de Mustapha, et je puis assurer qu'ils sont vraiment remarquables : un peu plus grands que leurs procréateurs, ils sont aussi mieux charpentés, et même plus énergiques. Et cependant, les moyens employés ont été probablement bien inférieurs à ceux que nous ont enseignés la pratique et nos connaissances scientifiques ! Que serait-ce donc si on appliquait dans ce pays les vrais principes d'une zootechnie rationnelle !

Quant aux chevaux d'Ali-ben-Khalifa, je ne les connais malheureusement que de réputation, d'après les renseignements que nous avons pris chez les Arabes avec M. l'interprète militaire de Tonnac de Villeneuve, auquel j'adresse ici tous mes remerciements pour les services qu'il m'a rendus dans cette occasion.

En ce moment j'ai en observation plusieurs jeunes chevaux, dont l'âge varie de 1 an à 2 ans, provenant de différentes razzias faites chez les tribus insoumises des environs de Sfax. Je surveille leur nourriture, leur hygiène et leur entraînement, de façon à pouvoir me rendre plus tard exactement compte de l'influence des milieux sur ces animaux étiques, rabougris, déjà en grande partie ratés par le fait des privations du jeune âge, mais conservant, quand même, un fonds d'énergie étonnant. Quand les conditions deviendront meilleures et qu'il me sera possible de compléter ces notes, j'y joindrai le résultat de cette expérience particulière.

Je ne reviens pas sur les indications fournies par les gravures, les bas-reliefs anciens, et dont j'ai déjà dit quelques mots plus haut ; car, si, pour moi, il y a, dans ces indications, une preuve assez sérieuse que le cheval était jadis plus grand qu'aujourd'hui, pour d'autres, il peut n'y avoir là qu'une vague supposition ; or, comme je sais parfaitement que je n'ai pas dans ce fait un argument absolument irréfutable, je l'offre tout simplement tel que je l'ai constaté, avec les réflexions qu'il m'a suggérées, laissant à de mieux autorisés que moi la responsabilité de déductions plus avancées. Je ne veux point, d'ailleurs, qu'on m'accuse de baser mes opinions sur de simples hypothèses, quoique j'attache souvent aux hypothèses raisonnables et sérieusement logiques une grande importance. En toute chose, il y a un juste milieu, et je crois qu'il est au moins aussi blamàble de dédaigner absolument, et de prime abord, certaines hypothèses, que de les admettre immédiatement comme des faits démontrés. Il faut bien se rappeler que beaucoup de nos grandes découvertes scientifiques avaient d'abord été pressenties sous forme d'hypothèses par un ou plusieurs savants. Je sais que beaucoup d'hommes sérieux, de zootechniciens même, souriraient ironiquement s'ils me lisaient ; mais saurais-je avoir l'honneur d'être lu par eux, que je conserverais quand même ma manière de voir à cet égard, et affirmerais tout aussi énergiquement mon opinion.

Maintenant, en supposant qu'il soit fait quelques efforts pour améliorer le cheval tunisien, quelle se rait la meilleure façon de procéder pour arriver plus sûrement au résultat désiré ? Devrait-on solliciter l'immixtion de l'Administration, ou serait-il préférable de laisser le soin de la chose à l'initiative privée ? C'est là une question complexe, qui est depuis longtemps à l'étude, et qu'on n'a pu encore résoudre d'une façon définitive. Je ne me permettrai donc pas de l'embrouiller en exprimant, moi aussi, une opinion que j'ai depuis quelque temps déjà, mais qui peut être, en définitive, mauvaise ; elle ne trouverait, d'ailleurs, pas raisonnablement sa place ici, parmi des notes jetées à la hâte sur ce papier.

Je dois dire, toutefois, que cette question brûlante de l'immixtion ou de la non-immixtion de l'Administration supérieure dans la production du cheval se trouve singulièrement simplifiée en Afrique, surtout en Tunisie, où l'intervention du Gouvernement me paraît s'imposer dans une certaine mesure, actuellement au moins, aucune entreprise sérieuse du genre de celle qui nous occupe n'ayant de chance de réussir sans la protection plus ou moins directe de l'État. Mais, je le répète, je ne me reconnais pas le droit d'aller plus au fond de la question.

Je me contenterai donc d'ajouter que je considérerais comme absolument indispensables, quelle que soit, d'ailleurs, la façon dont on procéderait, certains conseils (1), soit de la part de l'Administration supé-

---

(1) Il ne faut pas oublier, dit M. le duc de Grammont, que le seul moyen d'obtenir des résultats satisfaisants et durables,

rieure, soit de la part des sociétés privées, conseils sous forme de brochures, par exemple, dans lesquelles, après avoir montré, énuméré succinctement les défectuosités du cheval actuel, après être entré dans quelques détails sur la topographie du pays, sur sa température, sa division en terres labourables, en prairies, en bois, sur le genre de culture qui y est ou qu'on pourrait y adopter, la quantité et l'espèce de fourrages qu'il serait possible d'y récolter, sur ses ressources en cours d'eau, puits, citernes, routes, chemins de fer, etc., on définirait exactement :

1° Le nouvel animal qu'on désirerait obtenir en place de l'ancien ;

2° La méthode zootechnique la plus sûre pour arriver à ce résultat sans crainte de mécomptes;

3° Les soins hygiéniques, la nourriture, etc., à donner aux animaux en voie d'amélioration.

Il est bien entendu que, dans l'exposé de la méthode zootechnique, on indiquerait brièvement en quoi consiste cette méthode et les soins à prendre pour la mener à bien.

Mais quelle est cette méthode qu'on devrait indiquer ? Je réponds sans crainte, sûr d'avoir avec moi les hommes d'expérience, les zootechniciens purs : Cette méthode c'est la *sélection;* elle seule peut con-

---

est d'éclairer les producteurs. (*De l'amélioration des chevaux en France,* 1829.)

On ne devra pas perdre de vue, d'un autre côté, que ces conseils ne porteront tous leurs fruits qu'autant qu'ils émaneront d'hommes ayant fait de fortes études dans les écoles spéciales.

servér, perpétuer, accentuer ces qualités héréditaires que l'on admire chez le cheval qui fait l'objet de ces notes, malgré sa charpente, ses aplombs défectueux ; elle seule peut conserver, augmenter même cette résistance, cette harmonie de ce malheureux descendant du cheval arabe théorique. A ce propos, qu'on n'oublie jamais que l'harmonie chez un cheval est sa qualité capitale, et le côté en général défectueux, il faut bien l'avouer, de beaucoup de chevaux croisés. Je ne veux pas critiquer ici le croisement ; je ne suis pas précisément un enthousiaste de cette méthode zootechnique, je le confesse ; mais je ne suis pas non plus son véritable ennemi. Je soutiens, je recommande la sélection dans le cas particulier qui nous occupe, voilà tout. Plus tard, quand les circonstances me le permettront, j'établirai un parallèle entre les deux méthodes, et je me prononcerai plus particulièrement pour l'une ou pour l'autre ; aujourd'hui, je n'ai pas le loisir de discuter la chose plus longuement ; je crois la sélection seule capable de donner des résultats sérieux et durables dans la contrée dont j'étudie la population chevaline, sans affirmer que telle serait mon opinion en toute circonstance.

Plus qu'ailleurs, en effet, la nature a ici une force, une puissance, des droits contre lesquels il serait imprudent de lutter ; une guerre qu'on lui déclarerait dans ces conditions ne pourrait durer qu'à force de méditations, de soins persévérants et de sacrifices d'argent. Mieux vaut donc s'entendre avec elle, comme le dit judicieusement M. Richard, et réussir suivant ses vues comme suivant les nôtres, en dirigeant convenablement ses opérations dans le sens de nos intérêts bien entendus.

Je sais que la sélection a ce défaut capital pour bien des gens, de ne *pas aller assez vite* (1), de ne pas donner des résultats aussi immédiats que le croisement; mais que de mécomptes, que de déceptions, que de ratés en moins !

Et, d'ailleurs, avec un choix bien entendu, judicieux, éclairé, des reproducteurs, avec une nourriture saine, abondante, de bons soins hygiéniques, un entraînement rationnel, on pourrait, au bout de quelques années seulement, avoir une population chevaline répondant déjà, en partie du moins, au but qu'on s'était proposé. Mais, pour cela, pas d'hésitations, pas de demi-mesures : il faut rejeter impitoyablement de la reproduction tous les individus trop défectueux, et se montrer de plus en plus sévère à mesure que l'amélioration fait des progrès, que les bons produits deviennent moins rares. Qu'on se persuade bien qu'il n'y a aucune chance de réussir autrement.

Ce ne sont même pas là les seules dispositions qu'il y aurait lieu de prendre pour mener complètement à bien l'amélioration de la population chevaline indigène; en dehors des recommandations, des conseils relatifs à la méthode zootechnique à employer, aux soins à donner aux animaux, etc., je considérerais, en effet, comme non moins indispensables :

---

(1) « Il ne se fault pas excuser sur la longueur du temps « pour entreprendre choses séantes à l'augmentation du bien « public », a dit un des fondateurs de l'histoire naturelle, Pierre Belon.

1° La création de centres commerciaux, marchés ou foires, où les éleveurs viendraient annuellement exposer leurs produits ;

2° L'achat régulier et à un prix suffisamment rémunérateur d'un nombre aussi considérable que possible de chevaux pour le service de l'armée ;

3° La mise en service immédiate de quelques étalons choisis qui, non-seulement sailliraient un certain nombre de poulinières des différentes tribus, mais encore serviraient de types, de modèles aux indigènes pour le choix de leurs reproducteurs mâles ou femelles (1).

---

(1) Peut-être serait-il utile, dès le début tout au moins, de vulgariser le procédé dont parle M. le vétérinaire principal Bernis, de l'armée d'Afrique, dans sa lettre au président de la Société d'acclimation (juillet 1856). « Ce moyen, écrivait-il, consiste à mettre à la disposition des éleveurs arabes ou européens, qui manquaient souvent de types reproducteurs d'un bon choix, des étalons auxquels on a donné le nom d'*étalons de tribus.* Avant cette mesure, que l'on doit au maréchal comte Randon, un grand nombre de poulinières n'étaient pas saillies faute de reproducteurs, et, parmi celles qui étaient saillies, il y en avait plusieurs livrées à des chevaux de peu de valeur. Cependant les étalons ne manquaient pas dans les tribus, puisque ceux qui ont été achetés sont vendus en grande partie par elles ; mais ces étalons ne faisaient qu'une ou deux saillies par année, tandis que maintenant ils en font de trente à quarante. Il était donc utile d'intervenir au moyen de ces étalons de tribus. Par suite de cette intervention, les produits augmentent tous les ans en nombre et en qualité.... Avec cette mesure, *si les étalons sont bien adaptés aux diverses localités où ils vont faire la monte,* on parviendra en peu de temps

4º La création de concours et de courses, avec primes pour les produits réunissant les meilleures conditions de force, d'énergie et de vitesse longtemps soutenue.

En opérant ainsi, en améliorant la culture des terrains, en propageant le système des irrigations, en créant des routes, des chemins de fer, etc., on pourrait trouver dans bien des parties de la Tunisie de sérieux centres pour la remonte de notre cavalerie d'Afrique. Peut-être même, en cas de pressant besoin, et il faut toujours prévoir ce cas, serait-on heureux de recourir au cheval tunisien, comme au cheval algérien, pour compléter nos régiments de France! L'industrie elle-même rencontrerait souvent, parmi les chevaux améliorés de la Régence, d'excellents sujets pour la selle et les attelages légers.

à des résultats immenses ; mais pour qu'il en soit ainsi, *il est indispensable que ces reproducteurs réunissent de bonnes conditions.* »

Les qualités que doivent réunir les étalons dont parle M. le principal Bernis sont nécessairement celles qui définissent le nouvel animal qu'il s'agit d'obtenir à la place de l'ancien : conformation indiquée par les lois de la mécanique appliquée à la physiologie du cheval, absence de ces tares transmissibles ou qui donnent aux produits une grande prédisposition à en être atteints, énergie, résistance à la fatigue, enfin bonne vitesse longtemps soutenue avec une charge d'un poids considérable.

L'ANE.

Les nombreux ânes qui peuplent la Tunisie sont de taille très petite ou au-dessous de la moyenne (1). Ils sont bien proportionnés, bien musclés, ont de bons aplombs et le pied très sûr. Leur robe est ordinairement noir plus ou moins mal teint, ou bai plus ou moins foncé. Quelques-uns sont gris souris, ou même aubères; mais c'est l'exception, relativement rare. Souvent on remarque des zébrures aux membres et presque toujours la raie de mulet et la bande cruciale. Le bout du nez, les lèvres, le pourtour des yeux, le dessous des ganaches, l'auge, le ventre, la face interne des cuisses et des avant-bras, sont généralement plus clairs (2) que le fond de la robe, quand celle-ci est de nuance foncée. Les poils sont assez fins et ordinairement courts. La queue, par contre, est munie de crins longs et bien fournis.

Ce sont de petits animaux présentant des qualités vraiment extraordinaires; malgré leur petite taille, on les voit porter des fardeaux énormes avec une aisance, une agilité, qui étonnent toujours. Bien souvent, à Sfax, dans les plaines qui avoisinent la ville, je me suis arrêté, le soir, pour regarder passer ces

---

(1) Taille moyenne: 0^m,95 à 1 mètre. La plupart des naturalistes ont donc eu tort de poser en principe absolu que les ânes sont d'autant moins forts et plus petits que les climats sont plus froids.

(2) Ordinairement de nuance blanche, grise ou souris.

nombreuses files d'ânes, de chameaux, de mulets, de chevaux, regagnant les jardins des alentours avec leurs maîtres sur le dos et quelquefois un poids considérable de provisions. Eh bien, toujours l'âne a plus particulièrement fixé mon attention ; jamais je n'ai pu voir trottiner un de ces petits animaux, à l'œil vif, intelligent même, remorquant sur son dos quelque gros propriétaire arabe et ses provisions, sans admirer la facilité avec laquelle il déplaçait ce fardeau. sous lequel pourtant il disparaissait presque entièrement.

Et cependant, quels soins, quelle nourriture reçoivent ces malheureux animaux. Nos ânes français sont particulièrement choyés, si l'on compare les soins qu'ils reçoivent à ceux dont les ânes tunisiens sont l'objet. Il est facile, par cela seul, de se rendre assez exactement compte de la sollicitude qu'ont les Arabes pour leurs bourriquets. La plupart sont étiques, couverts de plaies, par suite des mauvais traitements qu'ils endurent et de l'absurde confection des harnais. Malgré tout, je le répète, ils conservent une énergie, une ardeur extrordinaires qui font d'eux les plus remarquables animaux domestiques que j'aie jamais vus.

Eu égard à leurs qualités, à leur sobriété, à leur force de résistance, à leur docilité relative, il y aurait peut-être lieu d'espérer, de tenter une amélioration, non en cherchant à améliorer les ânes pour eux-mêmes, pour les services qu'ils peuvent rendre en tant qu'animaux de trait ou de bât, ce qui, d'ailleurs, serait une tentative ayant peu de chance de réussir, surtout chez l'Arabe, peu accessible aux améliorations, peu disposé à changer ses habitudes ; mais en favorisant l'industrie mulassière, en ouvrant un débouché aux mulets, en achetant régulièrement les meilleurs parmi ceux-ci. L'appât du gain ferait ce que les meilleurs conseils ne seraient jamais parvenus à produire : l'Arabe, trouvant dans l'élevage du mulet une industrie lucrative, s'adonnerait peu à peu à cette industrie, soignerait mieux les juments mulassières et les ânes, surtout quand il verrait que les meilleures juments accouplées aux meilleurs ânes donnent les meilleurs produits, et que ceux-ci se vendent incomparablement mieux que les produits médiocres. La cupidité de l'Arabe serait ainsi exploitée dans un but à la fois favorable à son intérêt particulier et à l'intérêt général.

Quoi qu'il en soit, l'âne actuel est un animal particulièrement remarquable et rend les plus grands services aux indigènes.

LE MULET.

Les mulets, résultant de l'accouplement de l'âne et de la jument indigènes, ont tous les défauts et toutes les qualités de leurs procréateurs. Ils sont petits, faibles, ont la poitrine étroite et sont relativement peu harmoniques ; mais leur énergie est au-dessus de tout éloge. La robe du mulet est généralement plus variable que celle du cheval et de l'âne ; toutefois, la teinte qui domine, la teinte la plus fréquente, est le noir plus ou moins mal teint ou le bai brun, avec

le bout du nez et la face interne des membres plus
clairs, gris ou souris comme chez l'âne. Viennent
ensuite le gris pommelé, le gris clair, le souris plus ou
moins foncé, le bai plus ou moins clair, l'aubère, etc.

Ce sont des ficelles, des échassiers, non pas à cause
de leur grande taille, puisque celle-ci est le plus
généralement au-dessous de la moyenne, mais grâce
à leurs membres relativement longs, très grêles,
supportant un dessus également grêle, mal charpenté, et pourtant passablement musclé si on le compare au dessous. Ce manque d'harmonie plus accentué
que chez le cheval, cet allongement exagéré des
leviers osseux aux dépens de leur force de résistance,
font du mulet un animal inférieur à ses parents.
Aussi les tares molles ou osseuses, rares chez le
cheval indigène, presque inconnues chez l'âne, sont-
elles assez fréquentes chez le mulet. Ceci, d'ailleurs,
n'a rien qui doive étonner ; mille conditions se réunissent pour qu'il en soit ainsi, et parmi ces conditions, les mauvais soins, la mauvaise nourriture,
souvent le manque absolu de celle-ci, la mise au
travail dès l'âge de six mois, le poids généralement
exagéré des fardeaux qu'on leur fait porter, suffisent
pour expliquer amplement les tares fréquentes,
l'usure rapide d'animaux aussi défectueux que les
mulets tunisiens. Et pourtant, que d'énergie encore
concentrée dans chacun de ces animaux ! Il semble
même que celle-ci représente la somme des qualités
de résistance que nous avons tour à tour signalées
chez le cheval et chez l'âne. J'ai souvent vu de ces
malheureux mulets plier absolument sous le poids de
leur fardeau, marchant quand même d'un pas rapide,

presque gaiement, et obéissant docilement à leur conducteur.

Décidément, je ne crois pas au mauvais caractère du mulet tunisien ; je ne crois pas non plus qu'il conserve le souvenir des méchants traitements, et qu'il ait le sentiment de la vengeance ! Autrement, au lieu de cette obéissance, de cette docilité dont nos muletiers français n'ont certainement pas la moindre idée, nous verrions une lutte continuelle entre le maître et sa monture !

La mule, généralement mieux soignée, mieux nourrie, plus ménagée, mise plus tard au travail que le mulet, est presque toujours supérieure à celui-ci. Ses membres, ordinairement un peu moins grêles, son corps également mieux musclé, forment un ensemble plus harmonique ; aussi les tares sont-elles beaucoup plus rares chez les mules que chez les mulets. Mais il faut bien s'empresser d'ajouter que la supériorité de la mule sur le mulet ne tient pas surtout à sa conformation meilleure, mais bien plus à sa destination, à son emploi. Généralement la propriété des riches Arabes, des caïds, des cheicks, etc., la mule est plutôt un animal de luxe qu'un animal de travail, et c'est là une circonstance particulière qui explique bien mieux la valeur plus grande qu'on est convenu d'accorder aux mules, que cette conformation supérieure qui serait, pour ainsi dire, inhérente au sexe.

Il ne faudrait donc pas juger trop vivement les hybrides de l'âne et de la jument par les attelages qu'on voit dans certains centres de la Tunisie, à Tunis, par exemple, où il n'est pas absolument rare de rencon-

trer quelques jolis équipages attelés de mules frin-
gantes parcourant les 25 kilomètres qui séparent la
Goulette de Tunis en trois quarts d'heure! C'est là
une rare exception, et la mule de luxe, les quelques
mulets choyés par leur maître, n'ont pas plus de rap-
port avec le mulet tunisien ordinaire qu'un beau
hunter avec une rosse quelconque de nos fiacres de
Paris.

En résumé, le mulet indigène est très défectueux
au point de vue de sa conformation, mais il possède
un tel fonds d'énergie, qu'un éleveur à la fois hardi
et éclairé pourrait faire de sa production une industrie utile et fructueuse.

LE BŒUF.

Les bœufs qu'on rencontre en assez grand nombre
dans les plaines ou sur les marchés tunisiens sont généralement de taille petite ou au-dessous de la
moyenne (1). Ils ne forment pas une race distincte,
mais bien plutôt un ensemble de types plus ou moins
différents, constituant, en somme, une population peu
homogène. La taille même ne peut nullement établir
entre eux un certain rapprochement, une homogé-
néité relative. Sans doute, ils sont généralement
petits ; mais, entre les plus petits et les moins petits,
il y a de tels intermédiaires que la taille ne peut
vraiment être qu'un caractère très secondaire.

---

(1) « Les bœufs de Barbarie sont les plus petits de tous »,
dit Buffon.

Ceci est tellement vrai, que, sur un marché quelconque, parmi un groupe de 50 bœufs venant des mêmes parages, il serait très difficile, pour ne pas dire impossible, d'en trouver deux ayant sensiblement la même taille. D'ailleurs, la plupart des caractères du bœuf tunisien sont dans le même cas : très variables ; on constate là, en définitive, le contraire de ce qui a été généralement observé, en France, où l'espèce bovine est certainement restée incomparablement plus homogène que l'espèce chevaline. Voici pourtant les caractères qui se rencontrent le plus fréquemment : taille ordinairement petite, comme nous l'avons dit déjà ; robe cendré plus ou moins foncé ; extrémité inférieure de la tête et membres plus clairs ; tête en général forte ; pourtour des yeux, de la couronne, mufle et muqueuses noirs ; cornes petites, pointues, légèrement recourbées en dedans ; front large ; chignon à poils longs et fournis ; encolure ordinairement forte ; fanon très développé ; poitrail large ; membres de devant très courts ; queue assez longue. Quelques-uns de ces petits bœufs ont la robe froment ou fauve plus ou moins foncé ; les extrémités plus claires ; les muqueuses, le mufle, le pourtour des yeux et de la couronne noirs ; les cornes petites, effilées. A part la teinte de la robe, ils présentent enfin tous les caractères des bœufs que nous avons signalés comme constituant la majorité de la population bovine tunisienne ; ils ont, toutefois, ceci de particulier : c'est qu'ordinairement la tête (à part l'extrémité inférieure), l'encolure, souvent même tout le train antérieur, le dessous du ventre et les membres, sont plus foncés. Outre les types que je viens de décrire, on rencontre encore quelques bœufs assez grands, à robe ordinairement froment ou fauve clair, quelquefois cendré plus ou moins foncé, à muqueuses et mufle noirs, plus rarement rosés, à cornes relativement longues, plus droites, à extrémités plus claires; mais ce groupe est moins nombreux que les précédents. Enfin, quelques bœufs, d'un gris très clair, relativement grands, ont les cornes très longues, pointues, droites, et ressemblent assez aux bœufs napolitains; d'autres encore, les plus rares, ont le fond de la robe blanc, avec taches présentant les différentes nuances que nous avons jusque-là observées chez les bœufs de la Régence. Comme on le voit par les principaux types que je viens de décrire, la population bovine tunisienne est loin d'être homogène. Toutefois, au milieu d'un groupe plus ou moins nombreux de bœufs indigènes, et malgré ce manque d'uniformité que nous avons constaté dans les caractères, il serait assez facile, je crois, de distinguer un bœuf européen, de quelque contrée que ce soit, égaré là par hasard. Si la taille est variable, quoique généralement au-dessous de la moyenne; si la robe même est loin d'être unique, le climat, la nourriture, les milieux enfin, ont imprimé chez les bœufs indigènes des caractères typiques difficiles à bien décrire, à bien définir, mais qui les rendent quand même sûrement reconnaissables pour tout homme qui les a quelque peu étudiés.

Comme tous les animaux, ils sont mal nourris, mal soignés, et la plupart du temps dans un état de maigreur extrême. Malgré cela, j'ai pu me rendre compte, comme inspecteur de la boucherie, que la viande, quoique maigre, est généralement de couleur rosée et relativement bonne ; de plus, j'ai rarement eu à constater des maladies externes ou internes chez les animaux destinés à être abattus pour la troupe (1). Le foie est, toutefois, presque toujours le siège de lésions plus ou moins graves, mais n'entraînant pas sensiblement la mauvaise qualité de la viande (dilatation des canaux hépathiques, douves, hépatite aiguë ou chronique, échinocoques, bronchite vermineuse).

Il est bien entendu que je ne donne pas la viande du bœuf indigène comme ayant une qualité absolue ; celle que je lui reconnais est toute relative ; et si je la cote bonne ou assez bonne, c'est eu égard aux mauvaises conditions dans lesquelles se trouvent les animaux, lorsqu'ils nous arrivent à l'abattoir.

En résumé, malgré leur taille peu élevée, je crois

---

(1) J'en excepte pourtant la *ladrerie*, qui est excessivement fréquente chez les bœufs indigènes ; le tiers au moins de ceux-ci, en effet, est plus ou moins infesté de cysticerques du tænia inerme à divers degrés de développement. L'examen microscopique auquel j'ai soumis bien souvent les kystes cystiques ne laisse aucun doute sur leur nature. D'ailleurs, les nombreux cas de tænia qu'on a pu observer sur les hommes de la garnison, sur les marins, etc., surtout avant l'organisation du service de l'inspection des viandes, la parfaite analogie qui existe entre la tête de ces helminthes et les cysticerques qu'on rencontre dans les muscles du bœuf, prouvent surabondamment :

1° Que la ladrerie est fréquente chez le bœuf tunisien ;

2° Que la viande du bœuf ladre donne à l'homme le tænia inerme.

que l'on pourrait faire de ces petits animaux tunisiens, au regard vif, intelligent, au tempérament robuste, de bons bœufs mixtes (1) et même d'engrais.

J'ai, en effet, vu quelques-uns de ces bœufs, qui s'étaient sans doute trouvés dans de meilleures conditions que les autres, présenter un état d'embonpoint qui aurait presque pu les faire qualifier de fin gras.

D'ailleurs, il suffit d'avoir observé les bœufs indigènes pendant l'époque des grandes chaleurs, de les revoir ensuite du mois de janvier au mois de juillet, période de temps pendant laquelle ils trouvent de l'herbe en grande quantité dans les plaines incultes qui occupent une grande partie du territoire tunisien, pour être persuadé que le manque de soins, d'eau et de nourriture est la seule cause du mauvais état d'embonpoint dans lequel ils sont pendant une grande partie de l'année.

Maigres durant toute l'époque des fortes chaleurs, car alors ils ne vivent plus que d'un peu de theben (paille de blé ou d'orge réduite en poussière) et de quelques brins d'herbes desséchées qu'ils rencontrent par ci par là dans la plaine embrasée par les rayons solaires, ils deviennent en chair, demi-gras et même gras, de janvier à juillet.

Il en résulte que la qualité de la viande de bœuf varie beaucoup suivant l'époque de l'année.

---

(1) Les indigènes emploient assez souvent leurs bœufs comme moteurs.

VACHE. — Les vaches présentent à peu près les mêmes caractères, les mêmes particularités que les bœufs; elles sont pourtant généralement plus maigres encore, plus misérables que ces derniers. Cela tient à ce qu'on les emploie à la reproduction et à la lactation jusqu'à un âge souvent très avancé, tout en leur conservant les mêmes mauvais soins, la même mauvaise nourriture qu'aux bœufs.

Le lait est médiocre et le beurre mauvais; mais, cette mauvaise qualité du beurre est surtout due à la manière particulièrement défectueuse dont on le prépare. D'ailleurs, beurre et lait sont rares, et il faut aller jusque dans la Kroumirie, la Mogodie, etc., pour en rencontrer quelque peu.

Presque partout ailleurs, on ne peut guère avoir que du lait de chèvre; le lait des vaches suffit à peine pour la nourriture des veaux (1). Plus tard, quand mes notes seront complètes, je reviendrai plus longuement sur ce sujet, [en même temps que je dirai quelques mots de l'élevage des veaux.

En résumé, la vache indigène se présente sous un aspect tellement misérable, qu'on la croirait presque toujours phthisique. Cependant la viande est assez souvent passable.

---

(1) Comme pour la viande, la qualité du lait varie beaucoup suivant l'époque de l'année; mais, d'une manière générale, il m'a paru trop doux, trop sucré. Le beurre, lui, reste toujours plus ou moins mauvais.

LE MOUTON.

Les moutons tunisiens sont de taille moyenne et même grande; ce sont peut-être les seuls animaux domestiques du pays chez qui le climat n'a pas imprimé ce caractère particulier que nous avons signalé chez les autres : l'exiguïté de la taille. Ce n'est, d'ailleurs, pas là le seul caractère qui, à mon avis, fait du mouton un animal un peu à part dans la faune domestique du pays. Non seulement, en effet, il se distingue par sa taille grande ou moyenne; mais on est obligé de reconnaître chez lui moins de défauts et plus de qualités que chez les autres animaux. Il semble, enfin, avoir gagné au changement des mœurs locales autant que le cheval y a perdu!

J'avoue que je ne suis pas suffisamment expert pour apprécier d'une façon certaine l'état d'embonpoint d'un animal de boucherie et la qualité de la laine; aussi, ne m'en suis-je pas rapporté à mon seul jugement dans la description que je fais de l'espèce ovine indigène, et ai-je consulté bon nombre de connaisseurs avant d'écrire ces lignes.

Voici, d'ailleurs, les principaux caractères du mouton tunisien : taille moyenne ou grande, comme nous l'avons vu; tête presque toujours fauve ou noire; oreilles généralement de même nuance, longues, pendantes; extrémité inférieure des membres de devant et de derrière grêle, sans laine, à poils fins, courts, fournis, et de couleur noire ou fauve comme la tête; dos droit, large; queue très grosse, aplatie d'arrière en avant, pendant quelquefois jusqu'aux jarrets et même plus bas (absolument semblable, quoique plus petite, à celle des fameux moutons persans que nous avons vus à Paris il y a quelques années). Il arrive souvent que l'encolure et même tout l'avant-train sont de même nuance que la tête. Quelquefois encore, la tête est blanche, avec le pourtour des yeux et le bout du nez noirs. Enfin, on rencontre de temps en temps, mais beaucoup plus rarement, des sujets présentant une nuance uniforme, c'est-à-dire chez qui la tête, les membres et les oreilles sont blancs. Dans tous les cas, ces dernières parties sont couvertes de poils. La laine est belle, longue, fine, souple, et peut souvent être classée, m'ont assuré plusieurs connaisseurs, parmi les laines bonnes ou au moins assez bonnes. Quoique mal nourris, paissant généralement sur des terrains arides, brûlés par le soleil, où l'on rencontre un brin d'herbe rabougrie, desséchée, tous les 100 mètres, les moutons indigènes présentent généralement un état d'embonpoint passable. Celui-ci, d'ailleurs, varie, comme chez le bœuf, suivant l'époque de l'année.

Ce sont, de tous les animaux domestiques, les plus nombreux, ceux qu'on peut se procurer avec le plus de facilité, les seuls où il soit possible, par cela même, de faire, au point de vue de la boucherie, un choix assez rigoureux, les seuls enfin à l'égard desquels l'inspecteur des viandes puisse exiger la presque exécution du cahier des charges.

Les moutons tunisiens sont très rarement malades ; je n'ai presque jamais eu à constater chez eux de maladies dignes d'être signalées. La viande est généralement bonne, tendre ; elle a une saveur agréable et paraît très nourrissante. Je ne lui ai jamais trouvé ce goût de suif que certains auteurs prétendent avoir toujours constaté chez le mouton africain à large queue.

En résumé, les moutons indigènes, très nombreux, sont une des meilleures ressources du pays, et, avec un peu plus de soins, de précautions dans la reproduction, une meilleure nourriture, on pourrait constituer en très peu de temps, et très facilement, une excellente population ovine indigène.

LE CHIEN.

S'il est une race ou plutôt une population canine qui puisse donner raison à l'opinion d'après laquelle le chien aurait une grande parenté avec le chacal, c'est bien celle que l'on rencontre en Tunisie (1). Elle est composée d'animaux à robe généralement d'un fauve très clair, ou blanche, quelquefois d'un fauve plus ou moins foncé : cela paraît dépendre un peu du sol sur lequel les chiens sont habitués de vivre; assez foncé dans les pays montagneux et boisés, le pelage, presque toujours uniforme, devient plus clair, blanc, chez les sujets vivant dans la plaine, sur un terrain aride, sablonneux, blanchi par les rayons ardents du soleil.

La tête est longue, assez effilée ; le bout du nez

---

(1) Je veux parler du chien de race dite kabyle, de beaucoup le plus répandu en Tunisie et dans tout le nord de l'Afrique.

noir ; les oreilles longues, droites, pointues, assez larges cependant à la base, à ouverture de la conque dirigée presque toujours en avant, sont souvent plus foncées que la robe, quand celle-ci est claire ; les yeux sont vifs, à pourtour noir ; les arcades orbitaires sont peu saillantes ; le corps est assez long, la poitrine profonde, le ventre un peu levretté ; les pattes sont également assez longues, les jarrets moyennement coudés ; il y a quatre onglons aux membres de derrière, cinq aux membres de devant ; la queue est assez fournie, un peu relevée, souvent plus foncée que le reste du corps.

Voici, d'ailleurs, quelques mesures donnant plus exactement une idée des proportions d'un chien tunisien pris comme type :

1º Longueur du sommet de la tête au bout du nez, $0^m,24$;

2º Longueur de l'arcade orbitaire au bout du nez, $0^m,12$;

3º Largeur de la tête de la base d'une oreille à l'autre, $0^m,11\ 1/2$;

4º Longueur des oreilles, $0^m,13$;

5º Longueur du corps du sommet de la tête à la base de la queue, $0^m,71$;

6º Longueur de la queue, $0^m,34\ 1/2$;

7º Longueur des membres de derrière (à partir de l'aine), $0^m,45$;

8º Longueur des membres de devant (à partir du coude), $0^m,19$.

A la Goulette, Tunis, la Manouba, Hammamet, Sousse, Sfax, Kairouan, Gabès, etc., les chiens sont à peu près semblables.

Il y a une certaine variété de ces animaux chez qui le pelage est plus foncé et s'approche presque de la robe orange; les individus qui forment cette variété sont, en outre, presque toujours plus petits que les autres, ont le poil plus court, la queue plus effilée, moins garnie.

Comme on a pu s'en rendre compte par les proportions précédentes, la taille du chien tunisien est moyenne généralement; mais elle peut cependant varier. D'après les renseignements qu'a bien voulu me fournir M. de Tonnac de Villeneuve, interprète militaire, les chiens de la Kroumirie, de la Mogodie, etc., sont plus grands que ceux de la plupart des autres contrées de la Régence.

Ils ont aussi le poil généralement plus long que ceux-ci. Ce caractère fourni par les poils varie, d'ailleurs, un peu partout; ces poils, en effet, peuvent être assez longs aussi chez les chiens que j'ai eu l'occasion d'étudier, mais c'est l'exception relativement rare.

Il ne faudrait pas croire, toutefois, que ce sont là les seuls chiens que l'on rencontre en Tunisie. Dans les villes surtout, on observe pas mal de chiens de race absolument indéterminée.

Cela s'explique par les quelques Européens qui habitent ces villes; ils ont amené avec eux des chiens de chasse ou autres qui, croisés, recroisés avec les chiens autochthones, ont donné des produits à caractères spéciaux. La preuve que cette divergence de types parmi les chiens du pays tient à peu près entièrement à leur croisement avec les chiens européens, c'est que, parmi les nombreux chiens qui gardent les tentes des tribus éloignées des centres, pas un peut-être ne présente les traces, bien marquées au moins, de ce mélange avec les chiens européens que nous avons constaté chez les chiens de Tunis, la Goulette, Sfax, etc., où séjournent des Européens. Sans doute, leurs caractères de race ne sont pas absolument invariables ; les uns sont plus grands, ont le poil plus long, les oreilles plus courtes, le museau moins allongé, etc., que la généralité ; mais tous se rapprochent plus ou moins du type que nous avons décrit précédemment, et forment en définitive une population assez homogène (1). Une chose digne de remarque, c'est que, même chez les chiens croisés depuis un certain temps, le pelage devient uniforme ; on ne voit plus cette grande quantité de nuances dans la robe que nous rencontrons si souvent chez nos chiens européens. Peu à peu même, ils semblent se rapprocher de la teinte fauve.

Les chiens indigènes sont généralement plus sauvages que nos chiens domestiques, ont le cri plus perçant, plus uniforme. Ce caractère de demi-sauvagerie, de domesticité imparfaite, tient nécessairement au milieu dans lequel ils ont grandi, à leur habitude de vivre dehors, isolés, à leur habitude enfin de pourvoir le plus souvent eux-mêmes à leur

---

(1) Il y a encore, comme chien indigène, le lévrier d'Afrique ou sloughi ; mais celui-ci étant rare, je le connais imparfaitement, et le peu de notes que j'ai sur lui ne me permet pas d'en parler longuement. J'en dirai toutefois quelques mots en terminant.

nourriture, en chassant ou se repaissant des cadavres des animaux que les Arabes ont la commode habitude de laisser dans la plaine sans sépulture.

Une preuve patente encore de l'imperfection de la domesticité chez ces animaux, c'est le peu d'obéissance qu'ils ont, en général, pour leur maître. A Sfax, toutes les fois que nous passons près des tentes des Ouled-Ameur, tribu amie de la plaine, campée à 1 kilomètre des murs de Sfax, sous la protection des canons français, nous sommes poursuivis par une nuée de chiens que les Arabes, malgré leurs efforts, ne peuvent rappeler, ramener à eux. Ces attaques sont tellement dangereuses que nous ne passons là qu'à cheval on en chassant, armés de nos fusils, et que le colonel Jamais a donné l'ordre aux soldats de la place de ne pas s'approcher du camp des Ouled-Ameur, « les chiens en défendant l'approche pouvant leur faire un mauvais parti (1) ».

Les Arabes ont tellement peu leurs chiens dans la main, qu'il est absolument rare de les voir s'en servir pour la conduite de leurs nombreux troupeaux. Toutefois, si le chien, chez les Arabes, conserve un caractère de demi-sauvagerie, cela tient absolument aux milieux, et n'implique pas qu'il est

---

(1) Il y a même en Tunisie de nombreux chiens errants, se rapprochant certainement beaucoup plus de l'animal sauvage, que de l'animal domestique. On les entend, la nuit, faire un bruit infernal autour des habitations, des tentes. Il n'est pas rare même de voir plusieurs troupes de ces chiens, habitant chacune des localités différentes, se livrer entre elles des combats acharnés.

réfractaire à une domestication plus avancée, comme le prouvent, d'ailleurs, la plupart des chiens arabes que possèdent les Européens. Dans des mains plus civilisées, ils deviennent eux-mêmes plus civilisés, moins sauvages, et se laissent généralement caresser, non-seulement par leurs maîtres, mais encore par les étrangers qu'ils ont l'habitude de voir.

Maintenant, il n'est guère possible de ne pas supposer, de ne pas pressentir au premier abord, une certaine parenté au moins entre le chacal et le chien, et ceci, pour bien des raisons : la première, bien entendu, est cette ressemblance presque frappante que nous avons essayé de mettre en évidence; la seconde est l'absence dans la contrée de loups ou autres animaux ayant une certaine ressemblance avec le chien, et pouvant par ce fait même aspirer à l'honneur d'une parenté quelconque avec lui; la troisième est la présence de nombreuses bandes de chacals dans presque toutes les parties de la Tunisie; la quatrième est le cri du chacal, ressemblant beaucoup à l'aboiement du chien indigène; la cinquième enfin, est la possibilité de domestiquer complètement le chacal; tel celui, je crois, de Besançon, que j'ai vu citer dans Hœckel, si j'ai bonne mémoire, et qui était tellement bien apprivoisé, que sa docilité, son aboiement, toutes ses manières d'agir, enfin, le faisaient confondre avec les chiens, et que les habitants de la ville, où il circulait librement, ne se sont jamais doutés qu'ils avaient sous les yeux un chacal. J'ai bien vu des loups à peu près domestiqués; mais cette domesticité restait toujours relative, et je ne crois pas que jamais on ait rencontré un loup circulant librement dans les rues, confondu par les passants avec un chien, comme le chacal de Besançon.

Je reviens en insistant particulièrement sur le pelage que prennent les chiens européens en Tunisie au bout de peu de temps. Ils se rapprochent toujours plus ou moins, et de plus en plus, du pelage fauve; à l'instant même, je viens de rencontrer un braque Saint-Germain, ou ayant beaucoup de caractères de celui-ci, complètement fauve, et d'un fauve très clair, avec poils courts.

En résumé, les caractères particuliers du chien tunisien, sa force, son énergie, sa sobriété, sa rusticité, le développement très accentué de son ouïe et de son odorat, sa domestication relativement facile enfin, pourraient en faire un animal précieux, surtout pour la garde des troupeaux et des habitations.

Peut-être même, dans quelques cas, pourrait-on s'en servir pour la chasse. Entre les mains des Arabes, il montre, en effet, beaucoup d'entrain, d'aptitude même, pour chasser le sanglier, le porc-épic, la gazelle, etc. Il est vrai que les chasseurs indigènes emploient des moyens qui, s'ils sont pratiques chez eux, pourraient présenter quelques inconvénients chez nous : le chien qui doit chasser le sanglier, le porc-épic, est soigneusement enfermé ou attaché deux ou trois jours à l'avance, et privé de toute nourriture pendant ce temps; c'est là, on le voit, un moyen de dressage un peu énergique, et dont on userait difficilement en France; mais les résultats qu'il donne ici étant bons, je dois les signaler. C'est à nos chasseurs à voir si ces résultats seraient les mêmes en appliquant au chien tunisien les procédés de dressage ordinaires.

Outre les qualités que nous venons d'énumérer, le chien indigène présente encore l'avantage, bien plus important pour nous, de pouvoir être employé à la guerre, comme *gardien des sentinelles avancées*, comme *éclaireur*, etc. Non-seulement sa sobriété, sa rusticité, sa domestication relativement facile, son aptitude particulière pour la garde des habitations, le prédisposent admirablement à cet emploi; mais encore son antipathie naturelle pour les Arabes est une sûre garantie qu'en essayant de l'utiliser dans la guerre, soit en Algérie, soit en Tunisie, on ne fera pas une tentative infructueuse. Il paraît étrange, au premier abord, que le caractère toujours un peu sauvage du chien arabe se manifeste surtout contre des Arabes; mais, quelque inadmissible que paraisse ce fait, il existe et peut se vérifier tous les jours. La plupart des chiens indigènes, pris jeunes et élevés par les Européens, sont très doux avec leurs maîtres, un peu hargneux avec les étrangers de même nationalité que ceux-ci, et extraordinairement agressifs avec les Arabes. Je possède actuellement un magnifique spécimen de chien indigène : eh bien, cet animal très doux, très caressant avec mes amis et moi, grâce aux bons soins, à l'éducation particulière qu'il a reçus dès son plus jeune âge, ne peut voir un Arabe sans chercher à le mordre; je l'ai, au contraire, rarement vu agressif, soit avec les hommes de la garnison, soit avec les Européens.

Cette antipathie manifeste des chiens indigènes pour les Arabes s'explique difficilement et ne peut

guère être attribuée aux mauvais soins qu'ils reçoivent ou à la manière brutale dont on les traite
dans le pays, puisqu'il s'agit d'animaux élevés très
jeunes par des Européens, et n'ayant pu, conséquemment, conserver aucun souvenir de leurs maîtres
indigènes, dont ils n'ont guère eu le temps, d'ailleurs,
d'essuyer les mauvais traitements. Nous nous con-
tenterons donc, pour le moment, de constater le fait
sans en chercher l'explication.

Peut-être, après tout, est-ce là un phénomène d'antipathie héréditaire !.... Quoi qu'il en soit, les qualités
du chien tunisien, son flair remarquable surtout,
peuvent en faire un précieux auxiliaire de nos
colonnes en Afrique, où les embuscades, les surprises,
sont si fréquentes. Ce n'est, d'ailleurs, pas la première fois que les chiens serviraient d'éclaireurs ou
de sentinelles avancées. L'armée française les a utili-
sés souvent dans la guerre contre les Arabes de
l'Algérie. Au Mexique, la compagnie franche de
Zacatecas avait deux chiens indigènes dont l'instinct
était vraiment admirable. Sans avoir été dressés à ce
service, ils montaient leur tour de garde aux fais-
ceaux et réveillaient d'eux-mêmes les factionnaires
qui s'endormaient, non pas en aboyant, mais en les
tirant par le pan de leur capote.

Tout récemment encore, les Russes viennent d'ex-
périmenter avec succès l'emploi des chiens de l'Oural,
comme gardiens des sentinelles avancées. C'est là un
essai qui n'a rien de nouveau, comme on vient de le
voir ; mais l'application des chiens à la garde de
l'armée n'en est pas moins une idée pratique que
l'autorité supérieure ferait bien d'accueillir favora-

blement, surtout en Tunisie et en Algérie, où le type de chien à employer est tout trouvé et répond parfaitement au but qu'il s'agit d'atteindre.

Il me reste maintenant à dire deux mots du *lévrier d'Afrique* ou *sloughi*. Si je n'ai pas encore parlé de cet animal, si je reporte les quelques lignes que je lui consacre à la suite de mes notes sur le chien indigène, c'est qu'il est relativement rare et que je le connais assez imparfaitement pour ne pas me lancer à son sujet dans des détails qui seraient nécessairement plus ou moins fantaisistes. Le sloughi, je le répète, est peu commun ; on en voit un par-ci par-là, entre les mains d'un riche Arabe ou d'un Européen marquant. D'après certains renseignements qui m'ont été donnés et que j'ai tout lieu de croire exacts, il serait l'objet, dans certaines contrées, dans le Sud surtout, des mêmes faveurs, des mêmes soins dont on entourait jadis le cheval ; les indigènes se montreraient même assez jaloux de sa possession pour aller jusqu'à tuer la plupart des femelles afin d'en restreindre la reproduction et d'en empêcher l'exportation. Les rares vrais lévriers que j'ai vus entre les mains des Européens avaient été donnés à ceux-ci très jeunes, et après de longs pourpalers où la ruse avait souvent joué un grand rôle. Quoi qu'il en soit, voici les principaux caractères du beau sloughi : tête fine, très effilée ; oreilles droites, pointues, moyennement longues ; bout du nez et pourtour des yeux ordinairement noirs ; cou long ; corps également long, ventre lévretté ; poitrine profonde ; queue très fine, effilée ; membres longs ; jarrets et genoux très descendus ; quatre ou cinq onglons aux membres de devant, quatre aux membres de derrière ; couleur généralement blanc sale ou fauve plus ou moins foncé ; muscles saillants, bien dessinés sous la peau fine ; poils fins, relativement fournis et longs. Ce sont des animaux en général très sauvages, souvent même méchants, mais chassant, dit-on, dans la perfection, la gazelle, le lièvre et le lapin (1). On rencontre quelques métis ayant plus ou moins du sloughi ; mais on ne peut les confondre avec les vrais lévriers indigènes ; il n'est donc pas nécessaire d'en parler plus longuement. J'ai oublié de dire que la taille du sloughi est moyenne ou même grande.

LE CHAT (2).

La plupart des chats que j'ai rencontrés en Tunisie ont le pelage fauve tigré, presque toujours uniforme, plus rarement bariolé de taches différentes, par suite du croisement avec les chats importés par les Européens. Même chez le métis, le fond du pelage est fauve avec des tigrures ; il y a enfin tendance continuelle vers le fauve.

Le chat tunisien n'est pas très grand, il est seule-

(1) **A** vue seulement.

(2) Bien que des notes sur le chat soient un peu déplacées dans un travail écrit surtout au point de vue militaire, j'ai cru devoir les enregistrer, tant pour compléter ma notice sur les principaux animaux domestiques de la Tunisie, que pour ajouter quelques documents nouveaux à l'histoire naturelle du genre felis.

ment un peu plus élancé que notre chat domestique (1). Sa tête offre quelques particularités
remarquables ; elle est en général un peu plus allon-
gée que chez le chat européen ; les mâchoires, très
fortes, munies de dents longues et acérées, sont mues
par des masséters puissants ; les oreilles sont longues
et droites ; les yeux, très grands, sont vifs ; le corps
est ordinairement long, ainsi que la queue ; les
membres sont de grandeur moyenne ; les poils sont
fournis, lisses, doux au toucher ; les griffes sont très
longues.

Comme tous les félins, le chat indigène a une
démarche particulière ; mais cette démarche est
beaucoup plus accentuée, beaucoup plus féline enfin
que chez notre chat domestique ; en dehors des luttes,
on le voit toujours marcher avec précaution, lente-
ment, ramper, pour mieux dire, comme si quelque
danger le menaçait ou si une proie quelconque l'atti-
rait sans cesse. Le chat tunisien se nourrit de sa
chasse ou des débris de cuisine qu'il rencontre la
nuit sur les tas d'ordures, très nombreux dans
ce beau pays d'Afrique.

De tous les animaux indigènes, le chat est certainement celui qui a conservé le plus de caractères
sauvages ; on peut même dire qu'il tient le juste
milieu entre l'animal sauvage et l'animal domestique ;
je crois même qu'il se rapproche un peu plus du premier type que du second. Ainsi, il est rare, absolument rare, de rencontrer un chat dans les rues des

---

(1) Quelques-uns sont même plus petits.

villés, même dans les maisons, pendant le jour ; et pourtant, ils doivent être nombreux, si l'on en juge par le bruit, les cris infernaux qu'ils font entendre la nuit. On les voit se poursuivre dans les rues désertes, sur les terrasses des maisons, se ruer les uns sur les autres, sauter quelquefois d'une hauteur de plusieurs mètres, comme de vrais animaux sauvages, en faisant entendre des cris tellement perçants, tellement particuliers, que nous avons beaucoup de peine, nous autres Européens, à reconnaître de loin le cri du chat. Plusieurs fois, j'ai été réveillé, la nuit, par deux ou trois chats qui, se poursuivant depuis un certain temps sur les terrasses voisines, arrivaient tout à coup à une espèce de trou, de lucarne ouvrant sur ma.... chambre, à une hauteur d'environ 3 mètres au-dessus du sol, et, sans s'occuper de ce petit détail, sans être effrayés ni par la hauteur, ni par ma présence, se ruaient l'un sur l'autre dans l'espace, continuaient leur bataille sur le plancher de ma chambre, sur mon lit même, et ne consentaient à déguerpir qu'à coups de bâton. Entre ces chats et certains chats sauvages, la différence me paraît absolument petite, la transition tout à fait insensible (1). D'ailleurs, cela n'a rien qui m'étonne, ayant pu constater, lors d'un récent voyage en

____

(1) Les chats sauvages, par exemple, qu'on rencontre en assez grand nombre dans presque toutes les parties de la Tunisie, ne se distinguent guère de ceux qu'on observe dans les villes ou autour des tribus ; ils ont tous les caractères de ceux-ci, et n'en diffèrent que par quelques particularités :

Angleterre, au British Museum, au Jardin zoologique
de Londres, tous deux très riches en représentants
du genre felis, empaillés ou vivants, combien, entre
le tigre et les nombreux intermédiaires du même
genre que l'on compte pour arriver jusqu'au chat
domestique, la transition est légère ! Et cependant,
le chat domestique et le chat sauvage me paraissent
tellement peu s'entendre, qu'il n'est guère possible de
douter de l'affirmation de Darwin, d'après laquelle
l'accouplement du chat domestique avec certains
chats sauvages serait non seulement infécond, mais
souvent impossible. Qu'on me permette, à ce propos, de terminer cette digression, trop longue déjà,
par la narration d'un fait dont j'ai été témoin au
Jardin zoologique de Londres, il y a quelques mois
seulement. Dans une cage spéciale se trouvaient
réunis deux chats à peu près de même taille et de
même nuance, très peu différents enfin l'un de l'autre :
l'un, mâle, était sauvage (1); l'autre, femelle, domestique. Pourquoi les avait-on réunis ? Je n'ai pu le
savoir d'une façon certaine ; mais il est probable,
toutefois, que c'était dans le but d'essayer l'accouplement. Or, je suis resté là plus de deux heures
à les examiner, et je puis assurer que le rapprochement ne paraissait guère devoir se faire de sitôt.

---

taille plus petite généralement ; corps plus élancé ; tête relativement mieux musclée, sans toutefois être grosse ; queue longue,
formant un panache très remarquable. Enfin, nuance fauve,
plus uniforme.

(1) C'était le *felis eyra* d'Amérique.

Le chat sauvage, perché sur un bâton, au sommet de la cage, criait, hurlait, protestait si fort, lançait des regards si terribles, si haineux, si dédaigneux même, à la pauvre chatte, que celle-ci, blottie en bas, dans un coin, sous la paille, ne cessait de miauler timidement, plaintivement, semblant ainsi réclamer le secours des visiteurs, et montrer à son compagnon qu'elle aussi protestait contre la violence faite à leurs.... sentiments naturels !

Qu'est-il advenu, toutefois, par la suite, de cette réunion, dans une cage étroite, de deux individus de même espèce et de sexes différents ? Je ne le sais pas au juste ; mais, tout en comptant avec l'amour, qui a résolu à son avantage des questions peut-être aussi difficiles que celle-là, je doute fort qu'en retournant aujourd'hui au Jardin zoologique de Londres on trouve les fruits de ce tête-à-tête, pourtant bien..... dangereux dans presque tous les autres cas ! Je doute même beaucoup que l'autorité supérieure ne se soit pas trouvée, au bout de peu de temps, dans l'obligation de prononcer la séparation de corps à l'égard de ces époux qui ne pouvaient pas même s'entendre le temps de s'assurer une postérité.

Je n'ai pas eu, jusque-là, l'occasion d'essayer l'accouplement du chat sauvage tunisien avec le chat domestique ; mais si je me trouve un jour dans les conditions voulues pour tenter sérieusement l'expérience, je ne manquerai certainement pas d'en profiter. Il y aurait, en effet, dans cet accouplement infécond de deux animaux de la même espèce, si des expériences suivies ne permettaient pas dorénavant de le mettre en doute, plus qu'un fait curieux ; il y aurait une critique sérieuse à l'adresse du critérium de l'espèce, une arme en plus entre les mains des partisans de la variabilité spécifique !

En résumé, le chat indigène a conservé beaucoup des caractères du chat sauvage; c'est à peu près là, d'ailleurs, le seul intérêt qu'il présente, la seule particularité qui lui ait valu l'honneur de ces quelques lignes, car, comme destructeur d'animaux nuisibles, le grand nombre de rats et de souris qu'on rencontre partout dit assez que c'est là un titre auquel il ne peut nullement prétendre.

LE CHAMEAU.

Le chameau (djemmel des Arabes), dont j'avais omis tout d'abord de parler dans cette notice, et que j'ai cru devoir comprendre plus tard parmi les animaux domestiques indigènes dont j'essaye de faire une description générale, est certainement l'auxiliaire le plus utile des Arabes en Tunisie, comme dans toute l'Afrique, d'ailleurs. C'est en considération des immenses services qu'il rend, non-seulement aux indigènes, mais encore à nos colonnes expéditionnaires, que j'ai tenu absolument à en dire quelques mots, quoique ce soit là une tâche assez aride, en ce sens qu'elle expose à des redites, le chameau étant resté à peu près stationnaire depuis les nombreuses descriptions qui en ont été faites. Vu le peu de progrès de la civilisation en Tunisie, les exigences, les besoins, n'ont guère changé, et le chameau est demeuré, par ce fait même, tout aussi nécessaire, tout aussi utile aujourd'hui que jadis; d'où cette persistance de l'animal qui nous occupe, avec les mêmes caractères.

Quoi qu'il en soit, je m'efforcerai d'éviter les répétitions en n'entrant que dans des détails peu connus ou en réfutant certaines erreurs commises par quelques-uns des auteurs qui se sont occupés de la question.

Le chameau qui habite la Tunisie n'a qu'une bosse; c'est le chameau à une bosse ou dromadaire. Le chameau à deux bosses, ou chameau proprement dit, n'existe pas.

Le dromadaire tunisien, très répandu dans toutes les parties de la Régence, est de taille grande ou moyenne; sa robe est uniforme, fauve, café au lait plus ou moins foncé ou blanche; ses membres, assez longs, fins et [nerveux, sont supportés par des sabots plats qui s'appliquent sur le sol sans s'y enfoncer.

C'est un animal très sobre, très dur, très résistant; ne se nourrissant guère que d'aliments non appétés ou mal appétés par les autres animaux (*theben*, *alfa*, *cactus*, etc.), et pouvant, en outre, rester longtemps sans manger et jusqu'à dix jours sans boire (1).

---

(1) Cela tient à la présence, dans la panse, de deux groupes de cellules, dans lesquelles l'eau se tient en réserve. Ces cellules étant plus étroites à leur entrée qu'à leur fond, permettent aux aliments de se maintenir au-dessus et aux boissons d'y pénétrer avec facilité. L'épithélium qui tapisse ces cellules s'oppose à l'absorption des liquides qu'elles contiennent, afin que ceux-ci puissent détremper les aliments qui sont renvoyés à la bouche

Grâce à ces qualités vraiment exceptionnelles, seul le chameau a pu rendre habitables ces contrées arides où l'Arabe a de tout temps trouvé un asile pour sa farouche indépendance ; seul, il a pu rapprocher par le commerce, ces peuples que des océans de sable séparent les uns des autres ; aussi, les Orientaux l'ont-ils appelé, dans leur langage imagé, le navire du désert.

Le chameau à une bosse est très sensible au froid ; par contre, il supporte facilement les plus grandes chaleurs.

Les indigènes tunisiens chargent généralement peu leurs dromadaires ; le poids que ceux-ci doivent porter ne va guère au delà de 200 ou 300 kilogrammes. Cependant, sans les surcharger, il est bien certain qu'on peut élever ce poids jusqu'à 400 kilogrammes, surtout lorsqu'on a affaire à des individus de grande taille ; mais c'est là à peu près un maximum. Il y a donc évidemment eu exagération de la part des naturalistes ou des voyageurs qui ont écrit qu'un poids de 1,500 livres ne surcharge point le dromadaire.

Le chameau de course, appelé mahari, n'existe pas en Tunisie, ou, s'il existe, il doit être très rare ; pour ma part, je ne l'ai jamais rencontré.

---

lors de la rumination. La facilité qu'a le chameau de s'abstenir longtemps de boire n'est donc pas due, comme l'ont dit la plupart des auteurs, Buffon entre autres, à la présence d'un cinquième estomac lui servant de réservoir pour conserver ou produire de l'eau.

Le chameau indigène, d'humeur douce et pacifique, devient, comme tous les animaux de son espèce, mutin et indomptable dans la saison des amours; il fait alors entendre des cris assourdissants et excessivement désagréables, tout en gonflant ses joues et mâchonnant sa langue, dont l'extrémité antérieure sort généralement de la bouche, ainsi que l'appendice glandulaire qui se détache du voile du palais, présentant une tuméfaction marquée et une couleur violacée repoussante. En même temps, des sueurs apparaissent sur différentes parties du corps.

Contrairement à l'assertion de certains auteurs, il est ordinairement mal soigné et brutalement conduit. Je ne lui ai jamais vu, malgré cela, ces grands accès de colère, si minutieusement décrits par les mêmes auteurs, contre les chameliers qui le maltraitent. Tout au plus accuse-t-il quelquefois, en dehors du temps des amours, un semblant de mauvais caractère. Il obéit généralement, au contraire, avec une telle facilité, que des enfants de quatre ou cinq ans le conduisent, le grondent, le frappent, et le font se coucher et se relever à leur guise. A un mot, à un geste du chamelier, il s'accroupit en reployant ses membres sous lui ; on peut ainsi le charger avec toute facilité. Il refuse de se relever, et fait entendre des cris plaintifs, des lamentations très désagréables, lorsqu'il sent que la charge qu'on lui impose est trop lourde pour qu'il la puisse porter longtemps. Il reconnaît son chamelier au milieu d'une caravane, et se tient près de lui au lieu du campement ; il s'agenouille pour être débarrassé de son fardeau ; puis, quand le signal du départ est donné, il revient se placer de lui-même et s'accroupit encore à proximité de sa charge. Il semble sentir tout ce qu'il y a dans le chant et la musique de ressources contre les ennuis, les peines du voyage ; lorsque, après une longue et laborieuse journée, la marche se ralentit, et que les chameaux s'avancent tristement et la tête penchée, si les chameliers entonnent une chanson, aussitôt la vie et l'activité renaissent dans leur caravane.

L'allure du chameau est l'amble, et elle n'est ni dure ni pénible, comme on l'a souvent dit ; elle est lente, mais facile. De plus, si elle produit, quand on n'y est pas habitué, un malaise semblable au mal de mer, elle n'en est pas moins douce.

Le chameau fait, avec une charge de 200 ou 300 kilogrammes, dix lieues par jour en moyenne.

La femelle, qui porte près d'un an, ne produit qu'un petit, comme presque [tous les gros animaux.

Le poil du chameau tombe au printemps, si entièrement quelquefois, qu'il faut lui enduire le corps de poix et de goudron pour le préserver de la piqûre des mouches ; les Arabes recueillent ce poil et en font des étoffes et des tapis estimés.

La viande a une odeur légèrement musquée et convient assez aux indigènes, surtout lorsqu'elle est fournie par de jeunes animaux.

En résumé, le chameau tunisien est grand ou moyen, très sobre, très résistant et très doux. Il est fort répandu et employé exclusivement comme bête de somme ; mais, eu égard à sa force, à sa taille, on le charge, en général, relativement peu. Malgré cela, c'est un animal absolument indispensable pour les indigènes, et au moins fort utile pour le ravitaillement de nos colonnes en expédition. Aussi, serait-il à désirer que plus de soins fussent apportés dans le choix des procréateurs, qu'une sélection rigoureuse, enfin, présidât à la reproduction de cet animal si utile.

Paris. — Imprimerie L. BAUDOIN et C°, rue Christine, 2.